가로수,
도시에 서 있는 나무들

Copyright ⓒ Quinto Quarto edizioni, 2023
Original title: Alberi di strada / All rights reserved
Published in agreement with Phileas Fogg Agency | www.phileasfoggagency.com

이 책의 한국어판 저작권은 Phileas Fogg Agency와 Icarias Agency를 통해
Quinto Quarto edizioni 과 독점 계약한 도서출판 그림씨에 있습니다. 저작권법에 의하여
한국 내에서 보호를 받는 저작물이므로 무단전재와 복제를 금합니다.

도시와 자연의 공생을 위한 안내서
가로수, 도시에 서 있는 나무들

초판 1쇄 인쇄 2025년 8월 10일
초판 1쇄 발행 2025년 8월 15일

지은이　사라 필리피 플로테게르
옮긴이　최보민
펴낸이　김연희

펴 낸 곳　그림씨
출판등록　2016년 10월 25일(제406-251002016000136호)
주　　소　경기도 파주시 광인사길 217(파주출판도시)
전　　화　(031)955-7525
팩　　스　(031)955-7469
이 메 일　grimmsi@hanmail.net

ISBN 979-11-89231-66-8 03530

도시와 자연의 공생을 위한 안내서

가로수,
도시에 서 있는 나무들

사라 필리피 플로테게르 지음
조르조 코르딘, 줄리아 코르딘 아이디어
라켈레 팔미에리 편집
최보민 옮김

그림씨

새로운 세대와 식물,
그리고 인간에게

차례

서문	9
🌳 태초에 숲이 있었다	12
🌳 나무는 어떤 존재인가	23
🌳 나무가 필요로 하는 것	31
🌳 뿌리	41
🌳 몸통	51
🌳 잎	59
🌳 녹색 인프라, 파란색 인프라	75
🌳 나무의 긍정적인 영향	87
🌳 함께 살기	95
🌳 상징적인 나무들	105
마치는 글	116
참고 문헌과 참고 사이트	119
감사의 글	121
저자 소개	125

서문

서문을 쓰는 것은 언제나 어렵습니다.

빈 종이에 처음으로 무언가를 쓰려고 할 때처럼 말이죠. 서문은 보통 원고를 다 끝내고 마지막에 쓰는 점이 다르지만요. 그러니까, 시작을 끝에 하는 거죠. 재밌지 않나요?

어쨌든 우리는 어디에선가 시작을 해야 해요. 아주, 아주 가까운 곳에서부터 출발해 봅시다.

여러분이 어디에 있든 창문과 문, 열쇠 구멍 등을 통해 바깥을 바라보세요. 그리고 나무가 있는지, 있다면 어떤 나무인지 얘기해 보세요. 나무가 없나요? 그렇다면 도시에 계시는군요. 도시는 나무가 아니라 인간을 위해 탄생했기 때문이죠. 뭐라고요? 옆 동네에는 거리 전체에 나무를 심어놨다고요? 멋지네요! 하지만 나무를 심는 게 다는 아니에요. 나무의 일생에 걸쳐 적절한 방식으로 가꾸어야 하거든요. 특히 도시에서는 말이에요 (도시에서 나무는 조금 더 불편하거든요). 그리고 이것이 미래를 위한 투자라는 걸 잊지 마세요. 결실을 보기 위해서는 인내력이 더 필요하지만요(관리를 제대로 하려면 심는 것에 비해 적어도 두 배의 노력을 기울여야 하거든요…).

나무는 오래 사는 존재입니다. 나무는 우리보다 오래 살며, 한 잎 한 잎 떨어지는 순간에도 이 행성의 역사를 기억하죠. 그리고 효율적이면서도 우리와 함께하는 생태계에 피해를 주지 않는 진화 방식으로 환경에 훌륭하게 적응했어요. 우리는 나무를 더 잘 관찰하고, 나무가 우리에게 얘기해 주는 것에 귀를 기울임으로써 많은 것을 배울 수 있을 겁니다.

다행히도 모든 도시가 다 같지 않습니다. 또

많은 곳에서 나무와 같은 다른 생명체들이 우리와 공생할 수 있는 공간으로 도시를 바꾸어 가고 있습니다. 나무는 대단한 힘을 가진 독특한 종입니다(우리는 아직 나무의 능력에 대해 일부만 알 뿐입니다). 나무의 힘은, 그들이 생산하고 수용하는 모든 생명체, 그리고 존재 자체만으로도 인간이 일으킨 환경 파괴를 수습하는 능력으로 드러나죠.

우리 인간은 수적으로는 환경에 별 의미가 없는 수준입니다(식물이 생물 집단의 85%를 차지하는 반면, 동물은 겨우 0.3%일 뿐이거든요). 하지만 우리 행동은 큰 부담이 되죠.

오늘날 인간의 행위에서 비롯되는 것들, 즉 인공물 질량(anthropogenic mass)은 모든 생물의 총 질량과 맞먹습니다(식물, 특히 나무의 무게는 전체 생물 무게의 약 80%에 달합니다). 인간의 55% 이상이 도시에 집중되어 있고, 2050년경에는 그 수치가 68%를 넘을 것으로 예상합니다. 도시 지역은 전 지구의 2%밖에 안 되지만, 지구상 물질(나무와 토양 포함)의 75% 이상을 소비하며, 이산화탄소 배출량의 70% 이상을 만들어 냅니다. 다 자란 나무는 일 년에 20kg의 이산화탄소를 흡수할 수 있습니다. 적은 양이 아니죠.

하지만, 예를 들어… 이탈리아인 한 사람은 일 년에 평균 5톤 이상의 이산화탄소를 배출합니다(호주인은 평균 15톤, 콩고인은 0.04톤입니다. 그러니까 지구상 각 인간이 환경에 주는 부담은 모두 다릅니다. 이는 주목할 만한 실마리죠…). 만약 한 사람의 호흡에 필요한 산소를 생산하기 위해 아주 큰 나무 한 그루나 중간 크기 나무 몇 그루가 필요하다면(당연히 어떤 나무냐, 그리고 그 인간이 얼마나 오래 사느냐에 따라 다르긴 하겠지만), 간단히 계산을 해 보아도, 한 명의 바쁘디바쁜 인생을 위해서 약 250그루 나무가 필요할 것입니다.

뭔가 부족한 듯하죠? 어딘가에 블랙홀이 있는 것 같죠. 있다면 아마 인간이 많은 도시 쪽이겠죠. 초음속으로 어마어마한 양의 필수 자원을 집어삼키는 블랙홀 말이에요. 음, 이런 말을 해야 한다니 조금 유감이지만, 그 블랙홀은 우리입니다. 요란한 우리 삶의 방식, 그리고 우리의 꽉 막힌 회색 도시들이란 말이죠. 하지만 너무 절망하지는 맙시다.

이 책을 읽고 있다면, 아마 여러분도 거리에서, 카페에서, 부엌에서, 침실에서, 학교에서, 열차 내에서, 운동하면서, 벤치에 앉아서, 수영장에서, 지루한 저녁 식사 자리에서, 엘리베이터 안에서, 우체국에서 순서를 기다리면서 등등… 그러니까 어디에서든! 잠깐 멈춰야 할 필요성을 느끼고 있을지 모르겠습니다. 우리들 사이에서 살아가는 나무들을 좀 더 깊이 이해하기 위해서 말입니다. 그러니, 나무가 (특히 도시에서) 필요로 하는 것들과 나무의 위대한 능력, 그리고 흔히 오해와 겉치레, 조급함에서 나오는 우리 인간이 일으킬 수 있는 피해, 또한 도시 속 우리 삶을 개선하고 우리 이웃인 식물들의 균형과 필요, 안녕을 존중하며 그들과 조화를 이루며 살 수 있는 수많은 방식을 발견하는 데 이 책이 소중한 기회가 되었으면 좋겠습니다.

인간과 나무가 함께하는 현재와 미래의 가족을 떠올려봅시다. 인간은 나무껍질을 긁고, 나무는 차 유리창을 더럽히더라도, 신선한 공기 한 모금을 나눠 마실 수 있을 테니까요. 그야말로 활력 넘치고 행복한 공생의 삶이 되지 않을까요?

태초에
숲이 있었다

그리고 인간은 (꽃쵸첫)

집과 마을, 도시를 만들기

시작했다. 물론 도로도 만들었다.

그런 것을 만들고, 만들고,

또 만들고…

계속해서 만들었다!

…뭔가가

빠진 것 같지 않나요?

...

나무는 어떤 존재인가

> 세상의 기원부터 많은 고대 전설과
> 종교 속에는 나무가 있었습니다.

그리고 오늘날, 오랜 과학적 연구 끝에
우리는 다음 사실을 잘 알고 있죠.

인간 세상의 근원에는 식물이 있고,
특히 나무가 있다는 것,
그리고 나무 없이는 세상이 종말을
맞을 거라는 사실 말입니다.

위그드라실

북유럽 신화에서 위그드라실은 우주의 나무이자 세계의 나무로서, 우주를 지탱하는 물푸레나무입니다.

@#$%^&@#

외계인은 누구인가요?

휘휘…

아무도 나에게 주목하지 않을 거야…

우리와 정말 다른 존재, 예를 들어 외계인을 떠올린다면, 우리는 입과 머리가 한 개 이상이고 여러 개의 팔이 달린 존재를 상상하죠.

그런데, 나무를 떠올려 보세요.

하지만 결국 우리 자신과 비슷한 존재를 상상하는 거예요. 움직임과 뇌 등… 동물의 전형적인 특징들을 가진 존재 말이죠.

입은 없지만 소통을 하고, 장은 없지만 소화를 시키고, 뇌는 없지만 기억력과 지능이 있고… 예를 든다면 무척 많습니다.

또 다른 차이점들을 봅시다:✦

동물	식물
움직인다	멈춰 있다
빠르게 반응한다	느리게 반응한다
집중된 지능(계층적 체계) 예: 하나의 뇌, 두 개의 눈, 하나의 심장…	퍼져 있는 지능 (네트워크 체계)
각 기능마다 대체할 수 없는 하나의 제어 기관이 있다. 그 기관이 손상되면 죽는다	식물은 몸 전체에 중요한 기능들이 퍼져 있다. 특정한 취약점도 없고, 심한 손상을 입더라도 견뎌내며, 재생이 가능하다
살기 위해 다른 생명을 소비한다(먹는다)	물과 빛, 이산화탄소를 이용해 스스로를 구성할 영양분을 생산한다(자급자족)

✦ 출처: 스테파노 만쿠소(Stefano Mancuso), 《식물, 국가를 선언하다(La Nazione Delle Piante)》.

나무가 필요로 하는 것

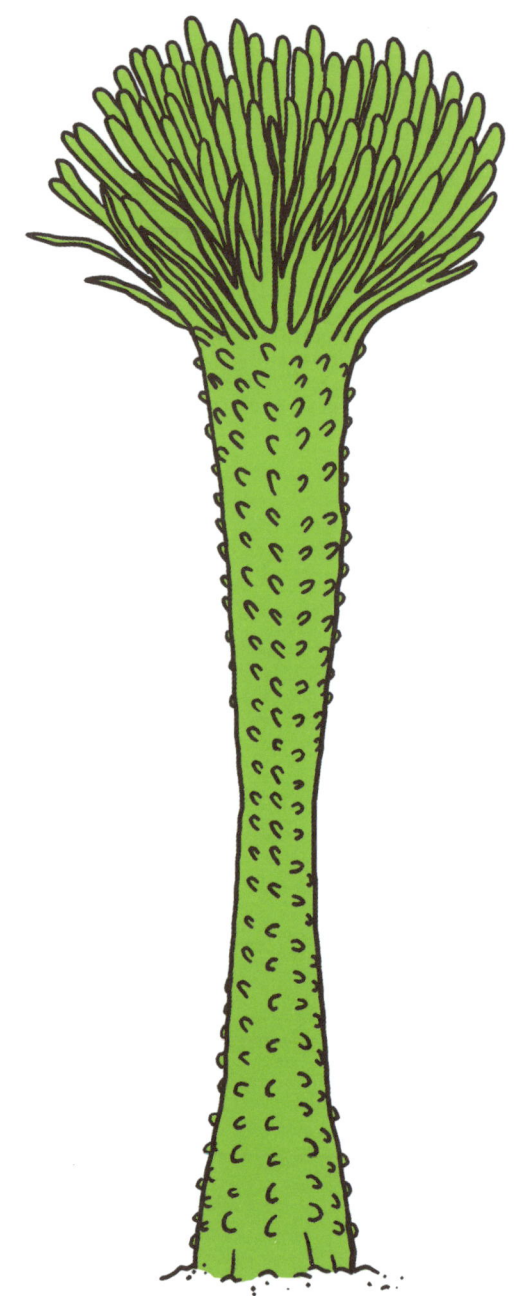

칼라모파이톤 프라이미붐(Calamophyton Primaevum)
피터 기센(P.Giesen)의 식물학 저널(Giesen, Berry, 2013) 참고.

* 식물체 안의 수분이 수증기가 되어 공기 중으로 나오는 현상.

공기!

나무도 숨을 쉬어요!

어떤 나무는 스모그*를 꽤나 잘 견디지만

다른 나무들은 많이 고통스러워한답니다.

토양도 그렇고 숨을 쉴 수 있으면 더 잘 살아요.

뿌리도!

아스팔트 시멘트

이 아래에서는 숨을 못 쉬어!

난 죽어!

그래, 인간들아, 뿌리는 숨을 쉰다고!

토양은 모두 같지 않아요.

뿌리는 부딪히는 장애물 여부에 따라 다른 방향으로 뻗어 나가요!

토양!

그리고 이용할 수 있는 자원에 따라서도요.

도시에서는 아스팔트를 비롯해 다른 불투수성** 물질로 덮이지 않은 땅을 찾기가 어렵죠.

* 스모그(smog): 연기(smoke)와 안개(fog)가 합쳐져 생긴 말로, 오염된 공기가 안개와 함께 한곳에 머물러 있는 상태.
** 물이 스며들기 어렵거나 스며들지 아니하는 성질.

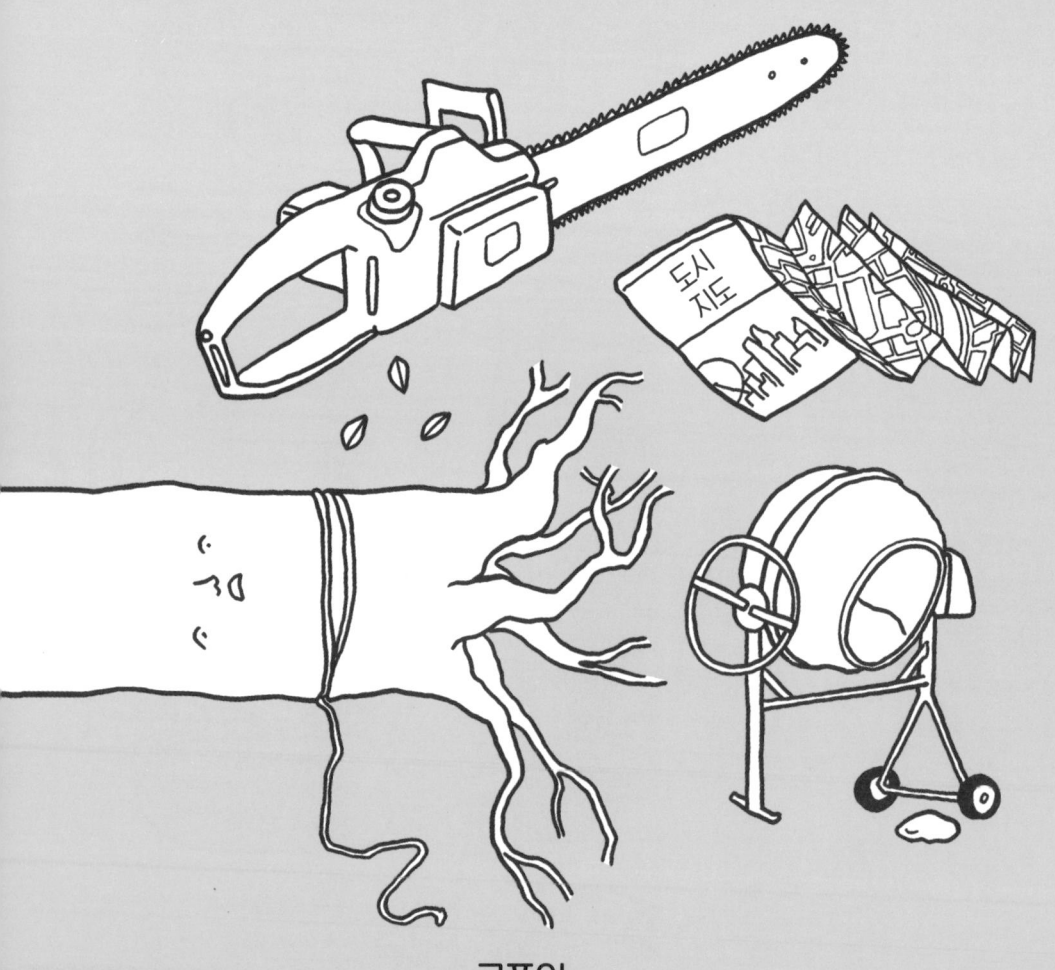

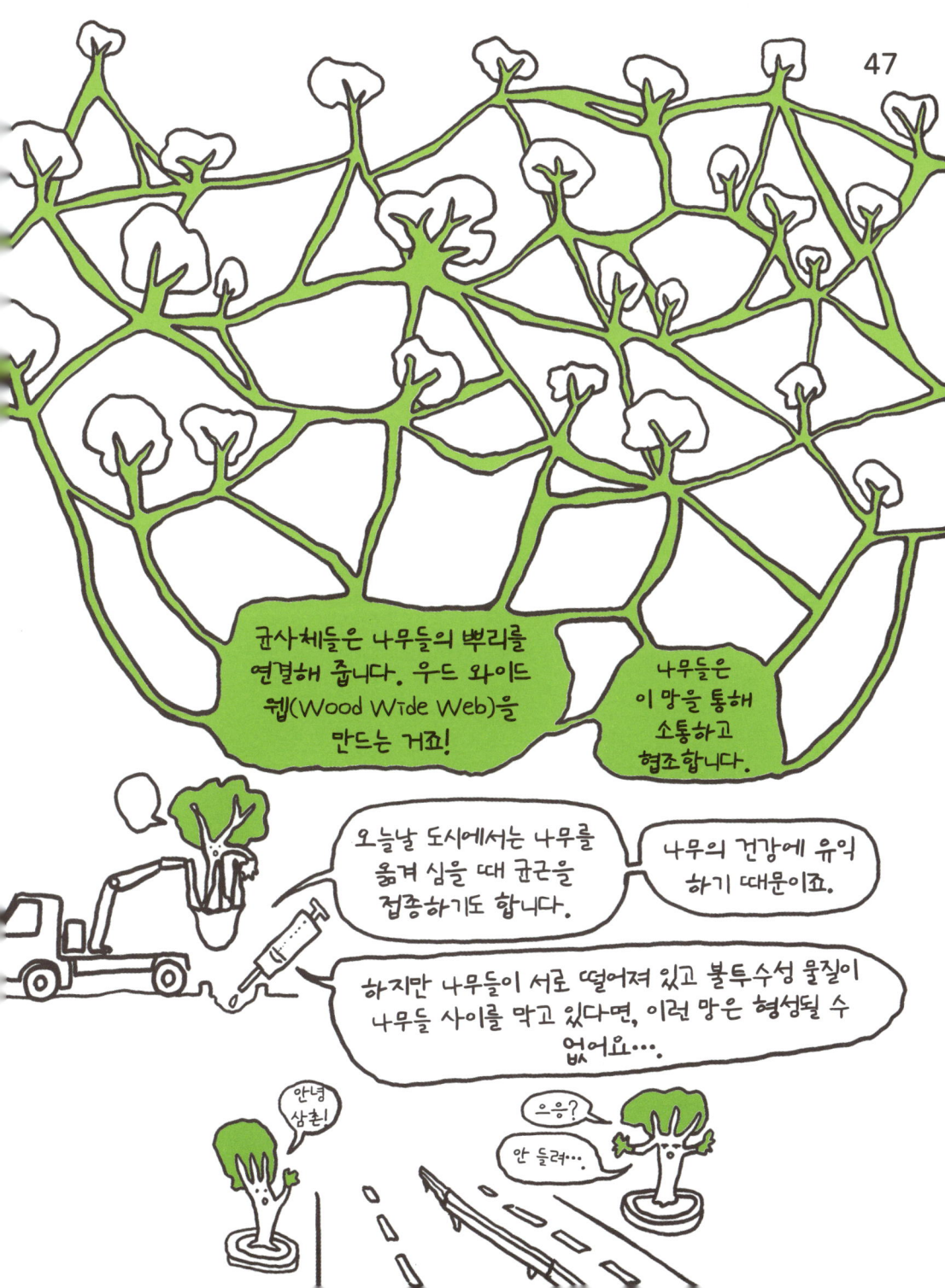

50

몸통

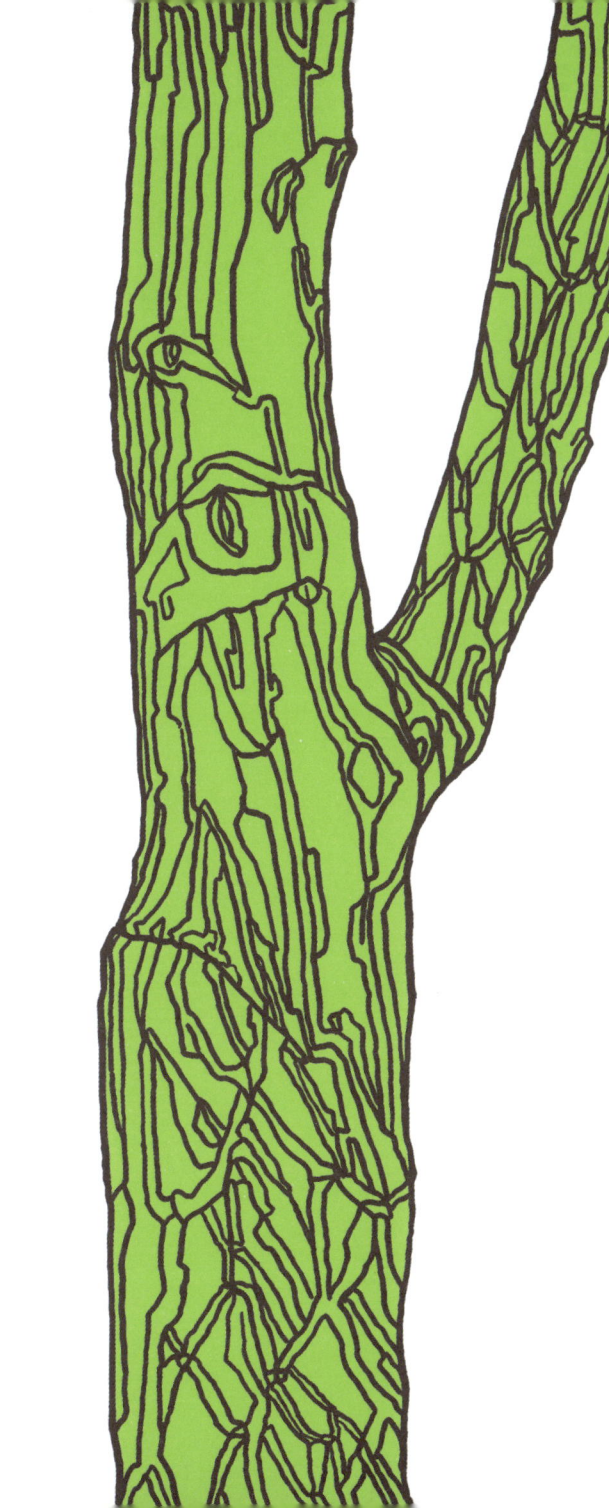

나무껍질
나무를 보호하는 부분. 죽은 조직들로 이루어져 있습니다.

변재(Sapwood)
살아 있는 나무 층! 뿌리에서 잎으로 가는 수액이 이곳을 통과합니다.

체관부(Phloem)
잎에서 만든 수액을 식물의 나머지 부분과 뿌리까지 운반하는 모세관들이 있습니다.

물관부(Xylem)
새로운 조직들을 만드는 부분입니다. 체관부의 세포는 바깥쪽으로, 나무의 세포는 안쪽으로 형성되죠.

심재(Heartwood)
죽고 굳은 나무 세포들로 이루어져 있습니다.

수심(Medulla)
줄기의 가장 안쪽 부분으로 오래되고 단단하며, 쉽게 쪼개집니다.

사출수(Medullary ray)
나무를 더욱 탄력 있고 강하게 만들어주는 섬유질로, 외부와의 기체 교환을 가능하게 합니다.

주요 나무 모양

피라미드 모양

기둥 모양

공 모양

우산 모양

좁힌 모양

펼친 모양

어진 모양

엎드린 모양

미세먼지 제거

나뭇잎(과 나무껍질)은 작은 먼지들을 잡아 붙들어요.

Good!

잔털과 거친 표면, 왁스 큐티클* 층 덕분이죠!

그리고 잎은 땅으로 떨어져서 분해돼요.

*생물의 체표 세포에서 분비하여 생긴 딱딱한 층. 몸을 보호하고 수분의 증발을 방지하는 구실을 한다.

휘발성 유기화합물 (VOC) 생성

나무는 휘발성 유기화합물(VOC)이라고 하는 물질을 방출할 수 있어요.

다양한 역할과 기능을 하는 물질이죠!

어떤 VOC는 화학 메시지 전달자예요. 나무가 외부와 소통하게 해 주죠!

몇몇 VOC는 특정 곤충들을 막거나 쫓아 버리는 역할을 해요. 초식동물도요!

또 다른 VOC는 근처 나무들에 위험을 알리기 위해 방출해요. 이웃 나무들이 위험에 대비할 수 있도록 말이죠.

향기로 인식되는 VOC들도 있죠.

예를 들면 소나무 송진의 발삼 향, 꽃향기, 시트러스 향 등등

이들 중 일부는 꽃가루를 옮기는 곤충을 끌어들이는 역할을 해요.

공기의 움직임

들이 정말 울창하죠!

나무는 잎이 달린 모양에 따라 바람을 느리게도 하고, 길을 터 주기도 합니다.

새가 떨리는 건 어디 아파서가 아냐...

바람 에너지를 흩뜨리는 거지!

나무 주변 온도의 저하는 매연을 분산시키는 공기의 움직임을 촉진해요!

나뭇잎이 얼마나 빽빽한가도 중요한 요소입니다.

성근 밀도   중간 밀도   빽빽한 밀도

나뭇잎이 빽빽한 정도에 따라 나무 그늘과 시원함의 정도, 바람을 막거나 통과시키는 능력이 결정됩니다!

녹지와 기온의 하강

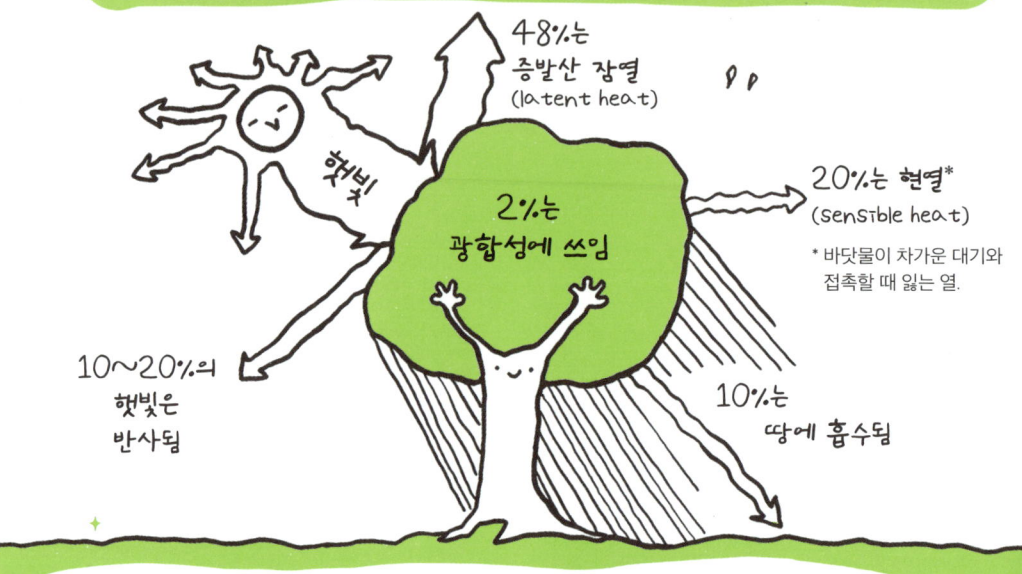

✦ S.O.S. 4 LIFE, Save Our Soil 프로젝트에서 가져온 데이터와 그림.

가지치기

도시인들은 나무의 윗 부분에 대해서 종종 문제를 제기하곤 합니다

공간을 너무 차지하는 것 아닌가?

위험하진 않은가?

어떤 사람들은 가지치기를 통해 이러한 문제들을 해결할 수 있다고 여깁니다.

하지만 가지치기는 그렇게 단순하지 않죠.

가지치기를 잘못하면 나무를 망쳐 놓을 수 있으니까요.

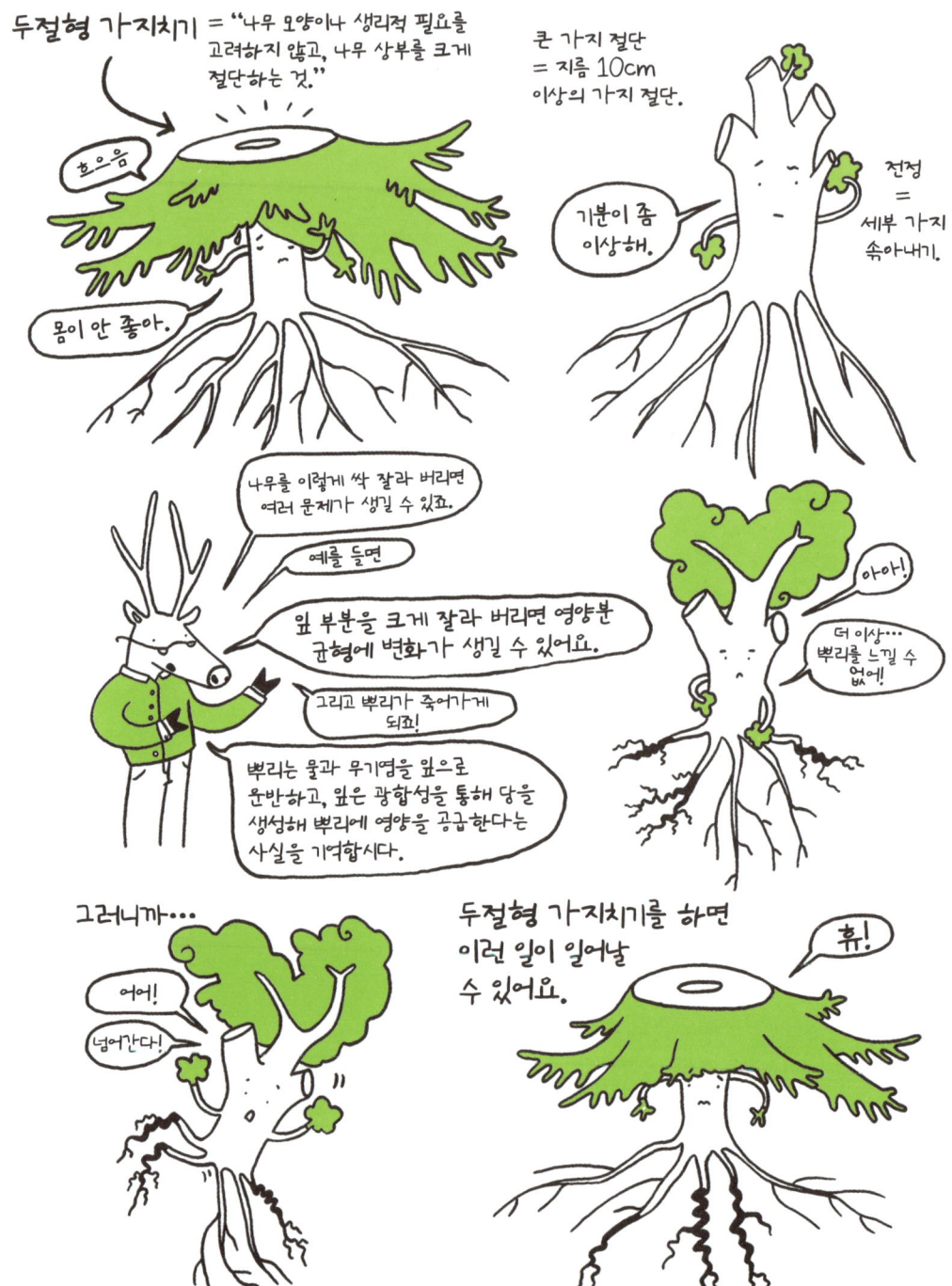

다른 문제도 있어요!

대규모 가지치기를 당하는 나무는 많은 세균의 공격을 받을 수 있답니다.

예를 들어 우식*성 진균 등이

감염을 일으켜 나무를 썩게 하죠.

아아, 온몸이 가려워!

굼적

* 남의 집에 붙어서 밥을 얻어먹음.

집 근처 나무 얘기로 돌아오면…

이젠 키가 줄었지만… 예전처럼 튼튼하지 않아요.

가지치기가 잘못된 나무는 더 약하고 더 위험해지죠.

아아!

나무를 건강하게 잘 가꿉시다.

네!

녹색 인프라*, 파란색 인프라

* 생산이나 생활의 기반을 형성하는 중요한 구조물.

녹색 인프라, 파란색 인프라
– 초등학교

녹색(그리고 파란색) 인프라란, 모든 생명체의
웰빙을 기반으로, 생태계 서비스를 생성하는
자연 생태와 녹지 공간 네트워크를
의미합니다.

도시와 시골,
숲을 엮는 네트워크인 셈이에요.
꿈만 같죠?
하지만…

실현 가능한 꿈이에요!

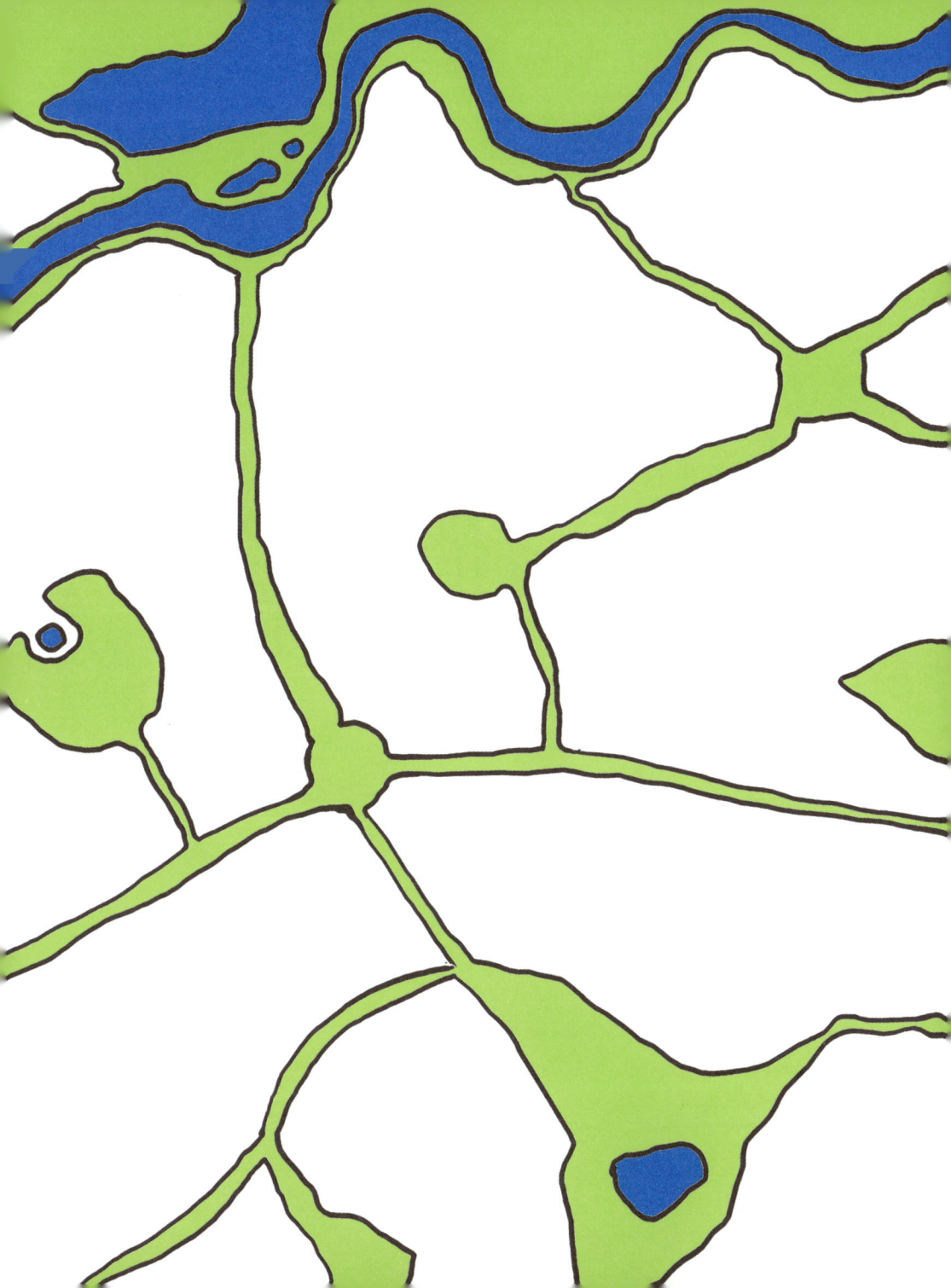

녹색 그리고 파란색 인프라

↙ ↘

도시와 시골의 녹지 공간을 연결하는 네트워크이자

생태학적 네트워크 연결 유지

상호연결이 잘 되어 있을수록 생물 다양성은 증가하고 지구에 더 많은 생명체가 살수록 모든 생명체의 웰빙 또한 증가해요. 인간에게도 좋은 것이죠!

친환경 다리(green bridge)는 찻길 등, 동물들이 지나갈 수 있도록 만들어 놓은 전략적인 통로예요!

* 도심에서 야생동물이 서식과 이동에 도움을 주기 위해 인공적으로 설치한 자연이나 설치물.
** 도시 지역에서 토양의 빗물 재흡수를 증가시키기 위해 고안된 다양한 방법 중 하나로, 지붕이나 차도 등에 설계된 정원.
*** 홍수로 인한 물을 저장하고, 홍수가 지나간 후 천천히 방류함으로써 유속을 제어하고 최대 유량을 줄이도록 설계된 공원.

왜 나무를 심는 것만으로는 충분하지 않나요?

나무는 서비스 제공자가 아닙니다!

생명체죠!

나무는 살아 있고 역사를 품고 있으며, 자라고 나이를 먹어요!

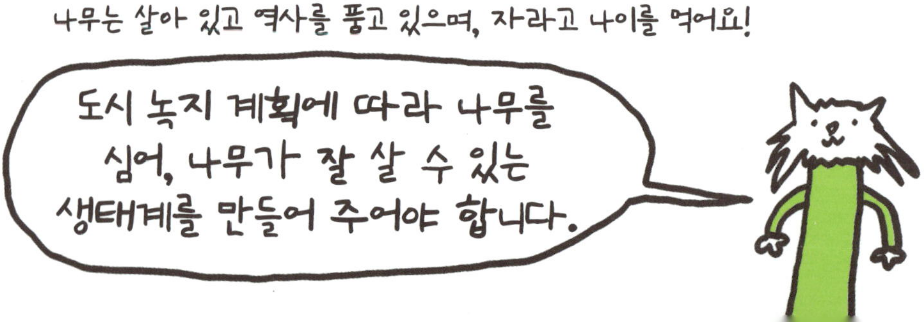

도시 녹지 계획에 따라 나무를 심어, 나무가 잘 살 수 있는 생태계를 만들어 주어야 합니다.

도시를 쾌적하게 만들고, 폭우로 인해 도시가 범람하는 것을 방지하는 친환경 해결책의 몇 가지 예입니다!

옥상 녹화(green roof)

뿌리는 땅에 내린 수직 정원(vertical garden)

빗물 정원(rain garden)과 가로수길

나무의
긍정적인
영향

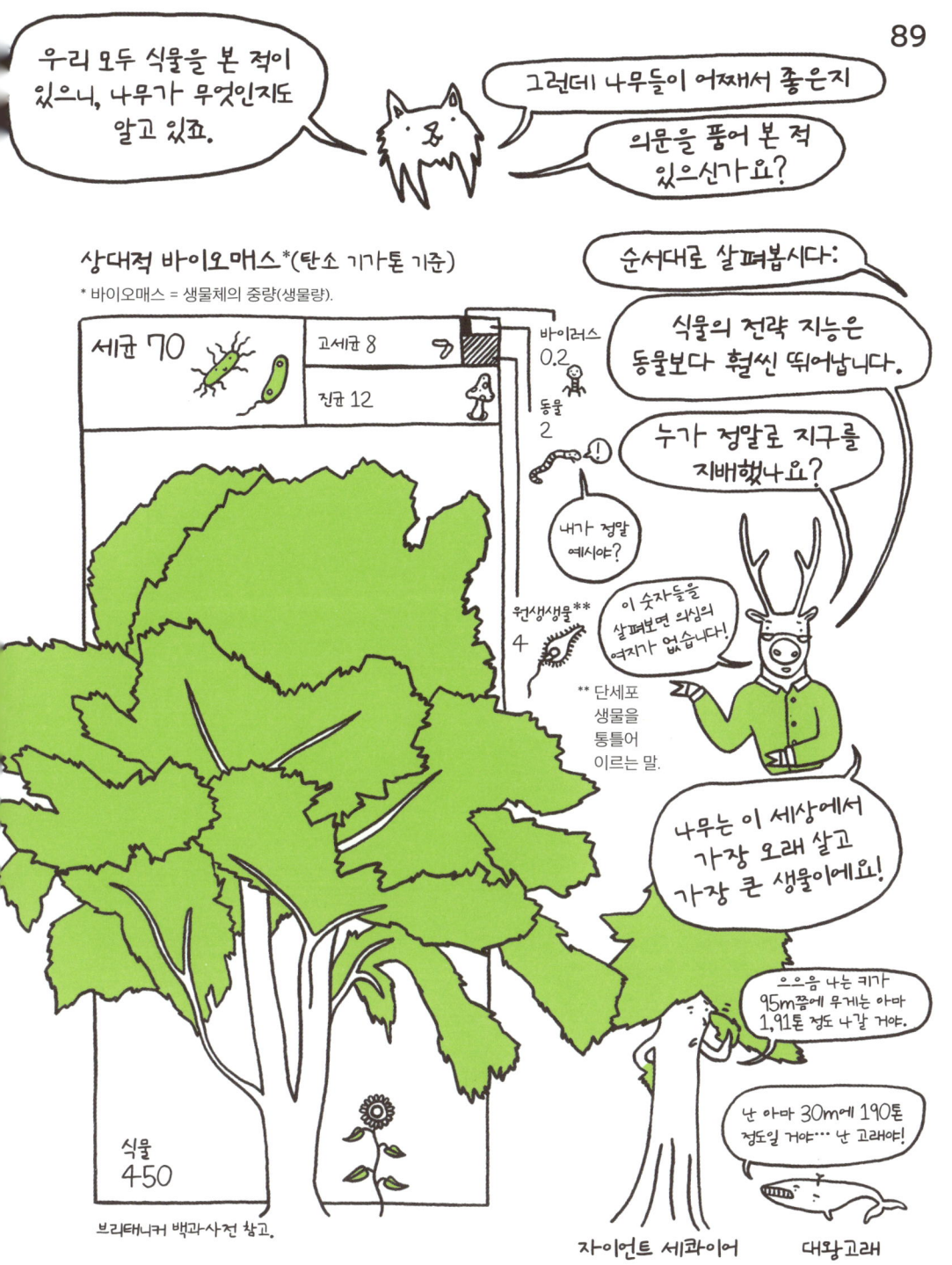

함께 살기

나무와 도시를 관계 속에서 함께 바라보는 것이 중요합니다.

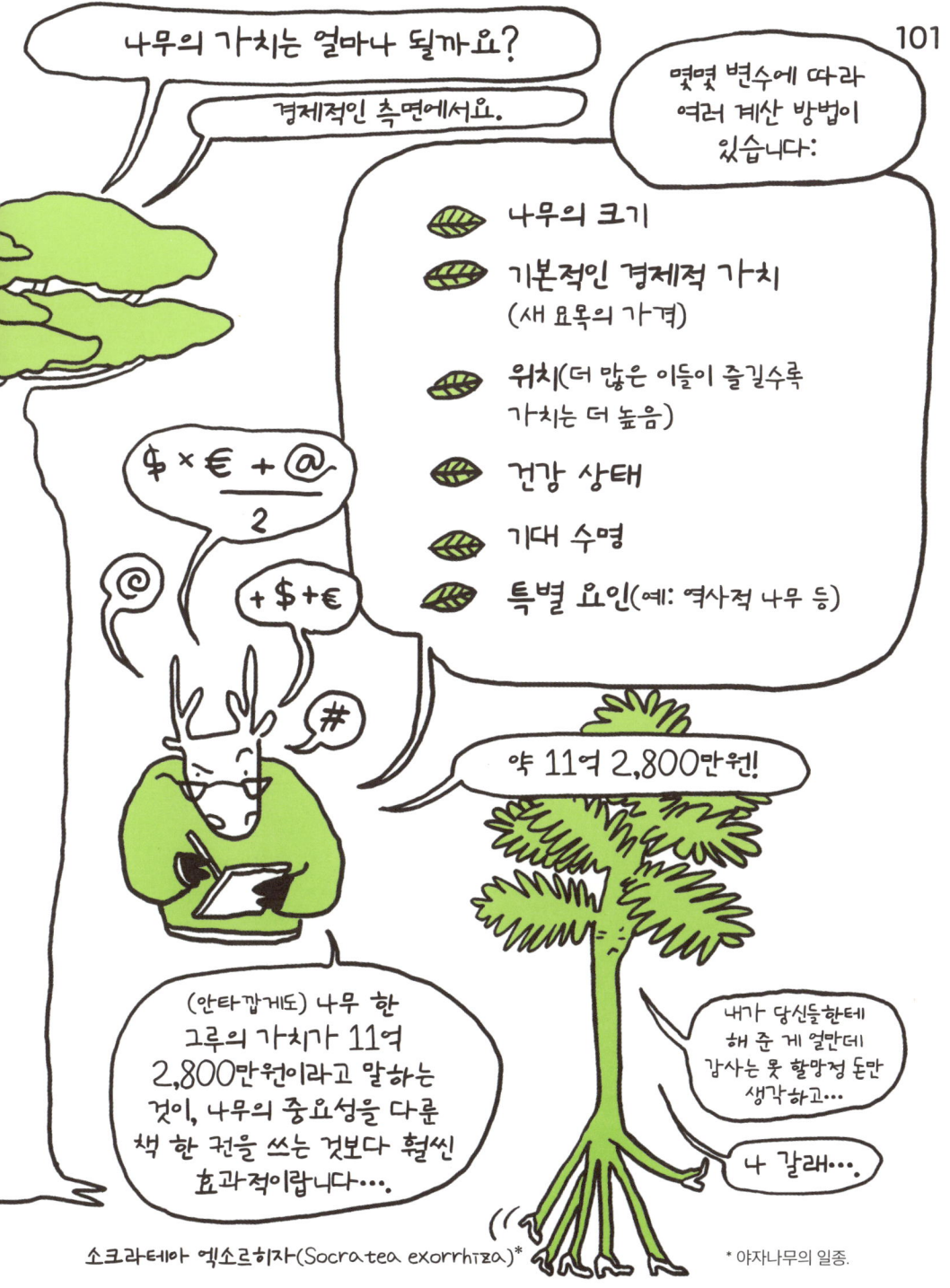

상징적인 나무들

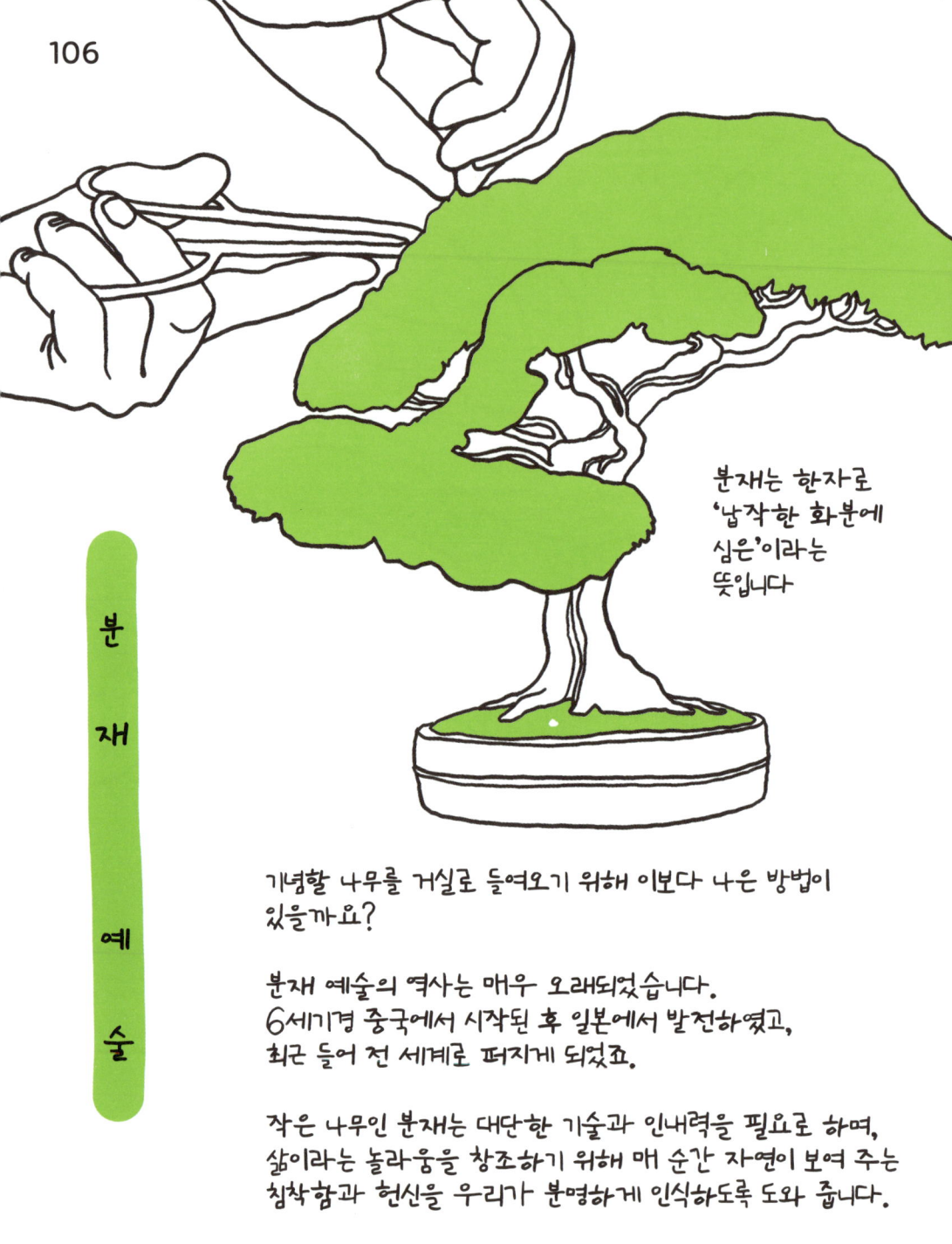

분재는 한자로 '납작한 화분에 심은'이라는 뜻입니다

분재 예술

기념할 나무를 거실로 들여오기 위해 이보다 나은 방법이 있을까요?

분재 예술의 역사는 매우 오래되었습니다. 6세기경 중국에서 시작된 후 일본에서 발전하였고, 최근 들어 전 세계로 퍼지게 되었죠.

작은 나무인 분재는 대단한 기술과 인내력을 필요로 하며, 삶이라는 놀라움을 창조하기 위해 매 순간 자연이 보여 주는 침착함과 헌신을 우리가 분명하게 인식하도록 도와 줍니다.

한자로 '자연(自然)'은, 글자 그대로 해석하면
'있는 그대로 존재한다'는 뜻이죠.

자연은 스스로 생겨납니다. 자발적이고 자율적이죠.
역사적으로 이어온 서양의 관념처럼, 신이나 인간과
같은 외부의 힘이 창조하는 것이 아닙니다.

동양 여러 나라들은 각 지역마다 꽃, 새,
그리고 나무를 상징으로 선정해
기리고 있습니다.

상징적인 나무

이런 상징들은 각 지역의
역사와 특성을 더 깊이
알 수 있도록 해 줍니다.

여러분이 사는 도시에는
특별한 의미를 지닌
나무가 있나요?

부채를 닮은 잎을 가진 은행나무는 중생대에 널리 퍼져 있던 고대 은행나무목(Order Ginkgoales) 가운데 현존하는 유일한 종입니다. 살아 있는 화석인 셈이죠!

일본에서는 은행나무를 신성한 나무로 여깁니다. 1945년, 원자폭탄이 터진 진원지에서 가까운 곳에서 몇몇 은행나무가 다시 싹을 틔우기 시작하면서 진정한 부활의 상징이 되었죠.

은행나무 (Ginkgo biloba)

오스트리아의 황후 시씨(Sisst)*도 은행나무를 좋아했습니다. 1800년대 중반, 시씨는 삼촌 하인리히에게 은행나무 한 그루를 선물했고, 그 나무는 볼차노(Bolzano)의 팔레 캄포프랑코(Palais Campofranco) 안뜰에서 지금도 살아갑니다.

야생에서는 멸종 위기에 처해 있지만, 은행나무는 전 세계 도시에서 널리 재배하여 심고 있습니다.

* 오스트리아-헝가리 제국 황제 프란츠 요셉 1세의 황후.

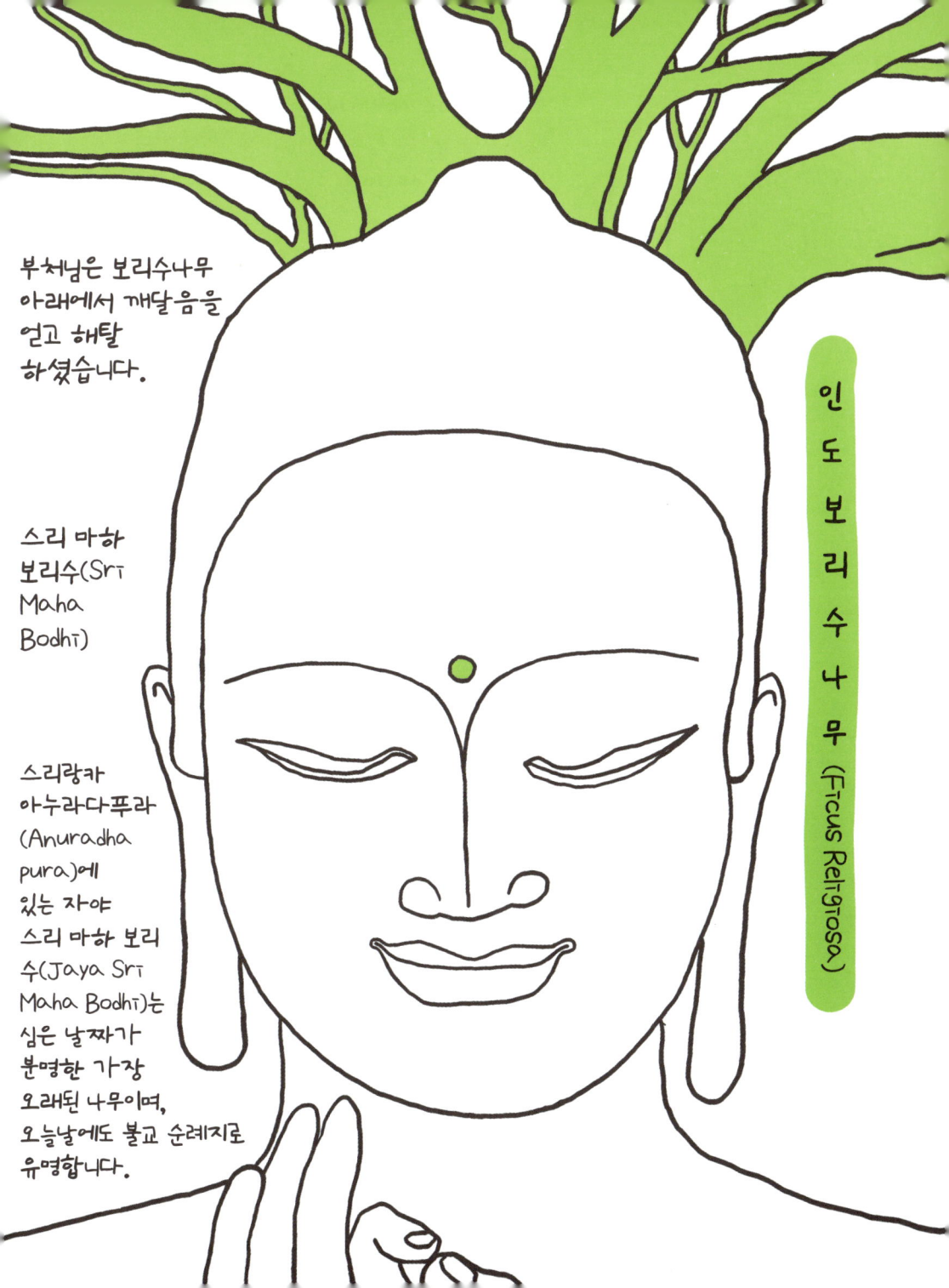

식물학적으로 야자나무는, 나무가 아니라 나무 모양을 한 일종의 '거대한 풀'입니다. 이상하지만 사실이죠.

HOLLYWOOD L.A.

위싱턴 야자 (Washingtonia filifera)

워싱턴 야자는 '캘리포니아 야자'라고도 부르며, 로스앤젤레스의 상징과도 같습니다. 하지만 이 야자나무는 로스앤젤레스에서 태어난 건 아닙니다. 인간이 데려다 놓은 것이죠.

허허벌판이던 LA를 매력적인 도시로 만들어야 했기에, 야자나무가 늘어선 멋진 프랑스 해안가를 따라 한 것입니다.

야자나무는 옮겨심기 쉽고 유지 관리하는 데도 큰 힘이 필요하지 않습니다.

안타까운 건, 기후 변화로 야자나무가 피해를 입고 있다는 거죠. 또 야자나무는 많은 물을 필요로 하고, 그늘도 거의 제공하지 않으며 홍수에도 취약합니다.

LA는 15년 뒤 어떤 모습일까요?

자이언트 세쿼이아는 세계에서 가장 큰 나무입니다.

야생에서는 캘리포니아 시에라 네바다의 일부 지역에서 많이 자라죠. 가장 유명한 자이언트 세쿼이아 나무들이 있는 곳이랍니다.

시애틀 도심에도 웅장한 자이언트 세쿼이아 한 그루가 있습니다. 지병이 있긴 하지만, 마치 아마존*과 마이크로소프트가 이 땅을 정복하기 전에 존재했던 고대의 숲을 기억하는 것처럼 높은 건물들 사이에서 자리를 지키고 있습니다.

* 미국의 종합 인터넷 플랫폼.

자이언트 세쿼이아 (Sequoiadendron giganteum)

전하는 이야기에 따르면, 나폴레옹 보나파르트(Napoleon Bonaparte)*의 남다른 감성 덕분에 도시 거리 곳곳에 플라타너스 그늘이 드리워졌다고 합니다.

나폴레옹은 전투를 위해 가는 곳마다 기념으로 플라타너스를 심게 했죠.

* 프랑스의 황제(1769~1821). 1804년에 황제 자리에 올라 제1제정을 수립하고 유럽 대륙을 정복하였으나, 트라팔가르 해전에서 영국 해군에 패하고 러시아 원정에도 실패하여 퇴위하였다. 엘바섬에 유배되었다가 탈출하여 이른바 '백일천하'를 실현하였으나, 다시 세인트헬레나섬으로 유배되어 그곳에서 죽었다. 나폴레옹 1세라고도 한다.

플 라 타 너 스 (Platanus orientalis)

여기 심으라!

나폴레옹 보나파르트

위풍당당한 플라타너스는 고대 그리스 때부터
사랑받았습니다! 소크라테스도 플라타너스 그늘 아래서
파이드로스*와 사랑에 대해 논하죠.

가지치기와 매연에도 잘 견디기 때문에 플라타너스는
오늘날 도시에서 흔히 찾아볼 수 있습니다!

세계의 도시에 가장 널리 퍼져 있는 플라타너스 종은
Platanus orientalis (버즘나무)와,
Platanus acerifolia (단풍잎 버즘나무),
Platanus occidentalis (양버즘나무) 입니다.

* 소크라테스와 파이드로스가 아름다움과 사랑에 대해
  대화한 내용이 담긴 책《파이드로스》가 전해 온다.

마치는 글

모든 지식은 빌린 지식입니다.*

우리 행성은 나무들로 뒤덮여 있습니다. 나무는 어디에나 있죠. 바다에, 산에, 몇몇 나무는 사막에도 있습니다.

나무들이 여기 있는 것은 우리 인간들을 기쁘게 하기 위해서는 분명 아닙니다. 적어도 그게 나무의 첫 번째이자 유일한 목적은 아니죠. 모든 나무들이 존재하는 것은 그들이 지구상에 있는 자원을 가장 잘 이해하는 종 중 하나이기 때문이며, 그 점을 바탕으로 재생하고 번식하는 생명체로서 삶을 실현할 뿐 아니라, 그들의 후손을 위해 지구를 좀 더 살기 좋은 곳으로 만들기 위해서입니다!

집단 지능과 선견지명이 있는 나무라는 생물은, 우리 인간을 포함한 다른 모든 생물들이 살아가는 것을 가능하게 합니다.

오랫동안 우리 인간은 자연을 두려워하는 특징을 가지고 살아왔습니다. 사냥을 하고, 길들이고, 울타리를 치고, 소독하고, 가지치기 등을 하며 자연과 담을 쌓아 왔죠.

오늘날 우리는 자연의 넘치는 창조적 무질서를 제한함으로써 날이 갈수록 우리의 (모든 종류의) 건강이 악화하며, 삶도 점점 더 건조해지고 회색빛이 되어 가는 것을 깨닫고 있습니다(이는 과학적으로도 증명되었죠).

때때로 숲을 그리며, 도시를 떠나 나무들 사이를 맨몸으로 자유롭게 달릴 수 있다면 좋겠지만, 오랫동안 그럴 사람은 거의 없을 겁니다.

도시가 그렇게 끔찍한 곳일까요? 그렇기도 하고 아니기도 하죠.

* 모니카 갈리아노(Monica Gagliano).

인류의 성장과 발전 과정의 일부이고, 우리의 은신처이자 개미집인 도시의 건설은 어떤 면에서 불가피했습니다.

하지만 도시는 점점 더 많은 문제를 일으키고 있으며, 도시는 도시가 들어선 지역과 이웃 지역, 그리고 (이제는 대부분) 아주 먼 지역의 자원까지 폭식하듯 소비하고 있습니다. 또한, 오늘날 도시가 설계되고 건설되는 방식 때문에, 주변 생태계 및 도시에서 살아가는 생명체들과 조화를 이루지 못하는 고립된 광물 바다와 같습니다.

중요한 질문은 "변화가 가능한가? 가능하다면, 어떻게 해야 하는가?" 입니다. 그 소리가 점점 더 크게 메아리치는 것 같습니다.
최선의 방법은, 침묵을 깨고, 꼭 필요한 곳이 아니라면 어디든 시멘트를 부숴 땅이 숨을 쉬게 해 주는 것, 삶을 만드는 법을 아는 생물들이 도시에서도 거주할 수 있도록 하는 것입니다.
또 가장 좋은 방법은, 생각을 바꾸는 것입니다. 나무는 (그리고 식물과 물은) 우리 존재의 바탕에 있습니다. 우리는 그 사실을 정말로 깨닫고 있을까요? 우리는 정말 우리의 삶, 지구의 삶을 보호할 능력이 있을까요?
이는 뉴에이지적인 관점이 아니며, 과학적인 증명만으로 끝날 것이 아닙니다. 거의 잊힌 고대 부족의 미신은 더더욱 아니죠.
이런 생각들은 오늘날 우리가 직접 경험하는 것을 증거로 하여 떠오릅니다. 7월의 어느 날, 오후 2시에 도심 번화가를 걷다가 처음으로 마주치는 큰 나무 아래에서 잠시 멈춰 생각을 정리해 보세요….

이 큰 나무들과 우리는 태양과 땅, 그리고 삶 속의 특별한 시간을 공유합니다. 나무는 우리가 항상 꿈꿔 온 최고의 친구들이죠. 다른 관계들과 마찬가지로, 나무와의 관계도 좋을 때와 나쁠 때가 있습니다. 때때로 서로 싸우고, 무시하고, 놀라게 하더라도, 화해하고, 결국 다시 함께하겠죠….

그럼 함께 놀아 볼까요?

— 사라

참고 문헌과 참고 사이트

- 웹사이트 내 글, 알라트리 페데리카, 〈나무는 어떻게 스스로를 보호하는가?〉, federica-alatri.it, 2021년 5월 6일
- 웹사이트, 〈도시환경〉, 이탈리아 통계청(Istat.it)
- 논문, 캐나딜. J., 잭슨, R.B., 에를링거, J.B. 외, 〈전 세계의 식생 유형에 따른 최대 뿌리 깊이〉, 《생태학(Oecologia)》, 108호, 1996년, 583-595쪽
- 웹사이트 내 글, 코디페로 티치아노, 〈힐링 가든: 나무를 보면 낫는다〉, codiferro.it
- 도서, 델 파베로 로베르토, 《이탈리아 북부 산악 지역의 숲들 (유형학, 기능, 식림)》, 출판사: Cleup, 2004년
- 유튜브, 영상명: 〈연륜 연대학, 나무는 무엇을 얘기해 줄 수 있을까?〉, 채널명: Vivai le Georgiche, 2019년 6월 21일
- 기사, 디 노토 안토니오, 〈우주에서 본 밀라노, 파리, 프라하의 "도시열섬" 지도〉〈과학자들: "도시를 식히기 위해 나무를 심으세요"〉, 웹사이트 open.online, 2022년 7월 7일
- Lipu라는 이탈리아자연보호협회 주관 발행 문서, 디네티 마르코(편집), 〈도시의 나무: 대체할 것인가 보존할 것인가?〉, Lipu/Birdlife Italia, 2019년 1월
- 도서, 드로리 조나단(글), 루실 클레르크(그림), 《나무 80그루의 세계일주》, 루치아 코라디니(번역), 출판사: L'Ippocampo, 2018년
- 웹사이트, 〈트레카니 백과사전〉
- 웹사이트, 〈브리태니커 백과사전〉
- 웹사이트 내 지도, 〈떨어지는 열매-도시 수확 지도〉, fallingfruit.org
- 도서, 페리니 프란체스코, 피니 알레시오, 《나무 친구, 우리 도시 속 녹지의 역할과 효용(그리고 그 이상)》, 출판사: ETS, 2017년

- 웹사이트, funghimagazine.it
- 도서, 갈리아노 모니카, 《그렇게 식물은 말했다. 과학적 발견과 식물과의 개인적 만남 사이의 신비한 여행》, 출판사: nottetempo, 2022년
- 논문, 가르바예 쟌, 〈관상용 수목 재배와 균근〉, 2017년 6월
- 웹사이트 내 글, 〈제오르고필리 아카데미(이탈리아 피렌체 지리통계연구소)의 뉴스레터〉, georgofili.info
- 도서, 홉스 케빈, 웨스트 데이비드, 헤렘 티보, 《나무의 역사와 나무가 우리 삶의 방식을 어떻게 바꿨는가에 대해》, 출판사: L'Ippocampo, 2020년
- 유튜브, 영상명: 〈나무들이 서로 비밀스럽게 말하는 법〉, 채널명: BBC뉴스, 2018년 6월 29일
- 웹사이트 내 글, 〈나무의 가치〉, 이탈리아 수목재배협회(isaitalia.org)
- 도서, 클럭 피터, 《도시의 관상용 나무 관리. 심기, 가지치기, 안정》, G.세터(번역), 출판사: Blu Edizioni, 2007년
- 웹사이트 내 글, 〈생태학적 계승〉, sapere.it
- 도서, 란도 마우로, 가도티 알레산드로, 《트렌트 지역과 도시 내의 마스터 나무》, 출판: 트렌토시와 트렌토 과학박물관, 2017년
- 웹사이트 내 글, 〈도시환경에서 가지치기〉, Tree Climbing Italia (treeclimbing.it)
- 도서, 레오나르디 체사레, 스타지 프랑카, 《나무 건축》, 출판사: Lazy Dog, 2018년
- 프로젝트 발행물, 《토양 해방: 도시 회복력에 대한 20가지 사례 연구. 재생 개입에서의 적응 프로젝트 및 프로세스》, SOS4LIFE

- 도서, 만쿠소 스테파노, 《식물 혁명(Plant Revolution. Le piante hanno gia inventato il nostro futuro)》, 출판사: Giunti, 2017년
- 도서, 만쿠소 스테파노, 《식물, 국가를 선언하다(La nazione delle piante)》, 출판사 Laterza, 2019년
- 논문, 마세티 루치아노, 〈단풍버즘나무에 가로등이 미치는 영향 평가〉, 《도시 삼림관리&도시 녹지화》, 34권, 2018년 8월, 71-77쪽
- 도서, 멘칼리 마르코, 니에리 마르코, 《나무의 비밀 치료법. 우리의 웰빙을 위한 식물과 숲의 숨겨진 에너지》, 출판사: Sperling&Kupfer, 2017년
- 웹사이트 내 글, 무어 데이비드, 〈균근의 종류〉, davidmoore.org.uk, 2016년 12월 15일
- 웨비나 문서, 파찰리아 프란체스카, 교육 및 웰빙 증진 관점에서 본 도시 녹지의 잠재력, 2021년 11월
- 웹사이트, 〈1인당 CO_2 배출량〉, ourworldindata.org, 2021년
- 웹사이트, 〈네덜란드 느릅나무(Dutch Elms(Ulmus×hollandica))〉 사진, monumentaltrees.com
- 웹사이트 내 글, 〈관상용 식물. 나무의 형태〉, 카라라환경연맹 (legambientecarara.it), 2021년 12월 8일
- 논문, 라시드 무함마드 우스만, 브로셋 아그네스, 블란드 제임스 D., 〈나무의 소통: 초식동물과의 상호작용에 대한 "유선" 및 "무선" 채널의 효과〉, 《현 임업 리포트(Curr Forestry Rep)》 9호, 2023년, 33-47쪽
- 웹사이트 내 글, 〈REBUS(도시 재생과 기후 변화에 관한 워크숍)〉, territorio.regione.emilia-romagna.it, 2017년
- 기사, 레지아니 레나토, 〈나무들을 연결하고 서로 대화하게 하는 땅 아래 네트워크, 우드 와이드 웹(Wood Wide Web)〉, 이탈리아뉴스에이전시(AGI), 2019년 1월 13일
- 도서, 리구티 아드리아나, 《식물학》, 출판사: Giunti, 2018년
- 논문, 로마노 다니엘라, 페리니 프란체스코, 피니 알레시오, 〈공원, 정원, 가로수의 가치 평가〉, 이탈리아 농업과학 및 산림과학 박사 연맹(FIDAF), 2020년 10월 9일

- 웹사이트 내 이미지 자료, 〈뿌리 체계 그림〉, 바헤닝언 대학교& 연구, images.wur.nl
- 논문, 샤이고 알렉스, 〈수목의 부후 구획화(CODIT)〉
- 도서, 스폰 마고, 스폰 롤랑, 《유럽 나무 안내서》, 멜라니 트라이니(번역), 출판사: Franco Muzzio Editore, 2011년
- 전시, 스타지 프랑카, 〈트리 타임: 자연과의 새로운 동맹을 위한 예술과 과학〉, 트렌토과학박물관
- 논문, 울리히 로저, 〈스트레스 감소 이론〉, Dose of Nature, 1981년
- 웹사이트, 〈트리피디아〉
- 논문, 울리히 로저, 〈자연경관 vs. 도시경관: 심리학적 영향. 환경과 행동〉, 13권 5호, 1981년, 523-526쪽
- 논문, 울리히 로저, 〈창문을 통해 보이는 풍경이 수술 후 회복에 영향을 미칠 수 있다〉, 《Science》, 244권, 420-421쪽, 1984년 4월 27일
- 웹사이트, 〈도시보건〉, 세계보건기구(who.int), 2021년 10월 29일
- 도서, 비올라 알레산드라, 《플라워 파워. 식물과 그들의 권리》, 출판사: Einaudi, 2020년
- 도서, 페터 볼레벤, 《나무들의 숨겨진 삶》, 번역: 파올라 바르베리스, 실비아 네리니, 출판사: Macro Edizioni, 2020년
- 도서, 페터 볼레벤, 《자연의 비밀 네트워크》, 번역: 파올라 루미, 출판사: Garzanti, 2020년
- 도서, 주비 다니엘레, 《현명한 나무, 고대 숲. 숲을 어떻게 바라보고 듣고 돌봐야 하는가》, 출판사: Utet, 2023년

감사의 글

감사하는 것은 언제나 가장 아름다운 일 중 하나입니다. 그건 지금까지 온 길을 되돌아보는 것과 같죠. 우리가 밟아온 모든 발걸음과, 우리와의 관계로 인해 그 길을 택한 모든 존재를 되돌아보는 것입니다.

그럼 처음부터 시작해 보겠습니다. 종종 우리 고개를 들어 나뭇가지들 사이로 하늘을 만나게 하고, 삶의 여러 순간에 도시의 거리에서도 우리에게 위안과 힘을 준 나무들에 먼저 감사하는 게 당연하겠죠.

이 책이 나오기까지 정말 소중한 도움을 주신 분들이 많습니다. 이 프로젝트에 열의를 가지고 바로 문을 열어 주신 출판사부터 말이죠. 숲이 자라고 형태를 갖추는 데 필요한 영양분을 주는 관목과 같았던 편집자 라켈레(Rachele), 뛰어난 지성을 활용해 준 마우라(Maura), 환상적인 그래픽 능력을 보여 준 아녜세(Agnese)께 특별히 감사드립니다.

연구 과정에서 많은 분들이 나무의 새로운 측면과, 나무와 인간과의 관계를 발견하고 탐구하는 데 필수적인 이정표가 되어 주었습니다.

이 프로젝트를 열정적으로 환영하고 이에 전문적인 공헌을 했을 뿐 아니라, 녹색 및 파란색 인프라와 나무의 잎 관련 부분을 과학적으로 검토해 주신 루이사 라바넬로(Luisa Ravanello)께 큰 감사를 드립니다. 나무와 도시 간의 유익하고 활발한 관계의 실현을 연구한 선구적인 산림과학자 마리아 테레사 살로모니(Maria Teresa Salomoni)께도 마찬가지로 감사드립니다. 이 둘은 모두 에밀리아로마냐 환경청(ARPAE)의 RE-BUS 프로젝트에서 중요한 역할을 담당하고 있습니다.

여러 질문에 친절하게 답변해 주신 프란체

스코 세네기(Francesco Segneghi)와 Studio Green Forest 전체에 감사드립니다.

방향을 뒤집고 세상에 대한 새로운 해석을 분명하게 제시하는 열린 지성을 보여 준 모니카 갈리아노(Monica Gagliano)께도 감사드립니다. 그녀가 불러오는 대단한 힘은 통합, 즉 예민하고 실험적인 삶과 과학적 방법의 합리적 증명 사이의 대화 가능성입니다. 인공과 자연의 만남이죠.

팔레르모 대학과 식물원에서 전문적으로 일하고 있지만, 그 틀에 한정되기에는 아까운 마닐로 스페치알레(Manlio Speciale)께도 감사를 전합니다. 작은 가지들 너머를 보며 과학과 역사, 고대와 일상을 혼합하는 방법을 아는 만능 인물로, 그를 거치면 모든 것이 훨씬 더 재미있게 변합니다.

나무가 생성하고 제공하는 에너지에 대한 치유적이고 체계를 뒤집는 새로운 비전을 제시한 마르코 니에리(Marco Nieri)께 감사드립니다.

도시 속 자연의 역할에 대한 혁신적인 사고방식을 연구 및 적용하는 테라프레타(Terra Preta) 프로젝트에서 대변인 역할을 해주신 조경 건축가 로렌초 파시(Lorenzo Fassi)께 감사드립니다.

대단한 열정과 교육적 재능을 지닌 일류 정원사 티치아노 코디페로(Tiziano Codiferro)께도 감사드립니다.

감사합니다.

저자 소개

지은이 **사라 필리피 플로테게르**(Sara Filippi Ploteghe)는 작가이자 예술가, 과학자이다. 수년간 그녀는 그래픽노블을 통해 과학과 철학의 대중화에 힘써 왔다. 트렌토과학박물관(MUSE)과 트렌토와 로베레토 현대미술관을 포함해 여러 기관 및 박물관들과 협업하고 있다.

아이디어 **조르지오 코르딘**(Giorgio Cordin)은 어렸을 때부터 자연, 산, 숲과 접촉하며 살아왔다. 나무에 대한 관심과 사랑으로 그는 파도바대학교 산림환경과학부에서 공부를 했다. 코르딘은 수년간 도시의 수목 재배 관련 업무, 그중에서도 나무의 안정성 평가를 전문으로 해왔다. 또한 나무 타기 기술을 이용해 나무 가지치기도 하고 있다.

아이디어 **줄리아 코르딘**(Giulia Cordin)은 디자이너이자 연구원이며, 보젠볼차노자유대학교 디자인 예술학부의 스튜디오 이미지(Studio Image)에서 시각 커뮤니케이션을 가르치고 있다. 어렸을 땐 사서가 되겠다고 생각했지만, 지금은 주로 책을 읽고, 종종 책 기획을 하며, 글을 쓰기도 한다.
〈프로제토 그라피코(Progetto Grafico)〉 예술잡지 편집부에서 일했으며, 볼차노 현대미술관 무세이온(Museion)의 큐레이터 부서와 협업을 이어가고 있다.

옮긴이 최보민

한국외국어대학교에서 이탈리아어와 프랑스어를 전공했다. 영어, 이탈리아어, 프랑스어 영상 및 출판 번역을 하며 바른번역 소속 출판 번역가로 활동 중이다. 옮긴 책으로 《작지만 큰 뇌과학 만화》, 《괜찮아! 넌 하늘다람쥐야》, 《수소 원자 피오의 우주 대탐험》, 《모든 삶은 빛난다》, 《우주여역행 무작정 따라하기》, 《데이비드 호크니》 등이 있다.